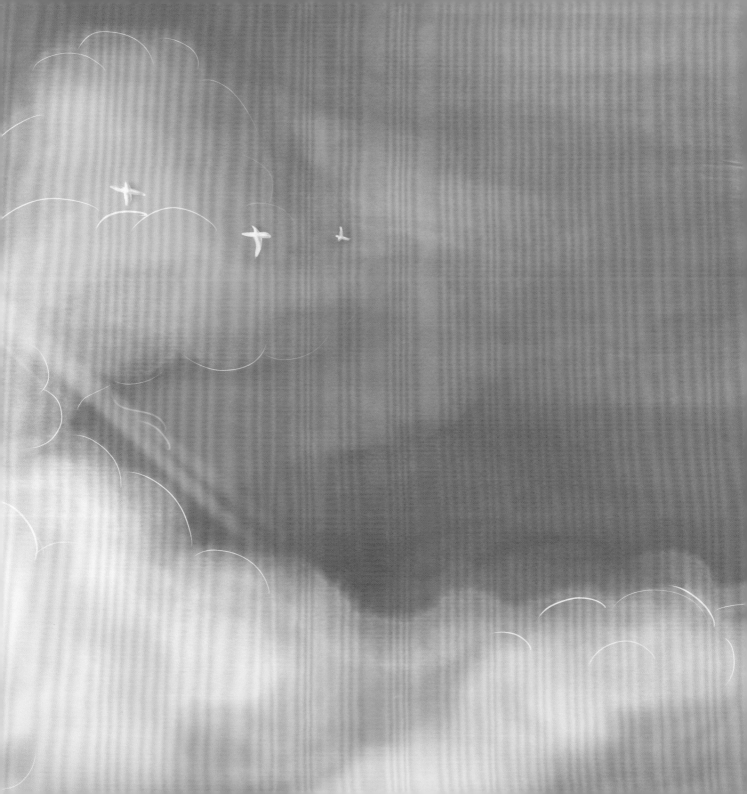

走入"核与辐射"的世界

焦玲 王芳 赵红俊/著 刘泽斌 董奕谷/绘

天津出版传媒集团

天津人民出版社

图书在版编目（ＣＩＰ）数据

走入"核与辐射"的世界 / 焦玲, 王芳, 赵红俊著;
刘泽斌, 董奕谷绘 . -- 天津 : 天津人民出版社, 2021.7
ISBN 978-7-201-17495-2

Ⅰ.①走… Ⅱ.①焦… ②王… ③赵… ④刘… ⑤董
… Ⅲ.①核辐射 – 青少年读物 Ⅳ.① TL7-49

中国版本图书馆 CIP 数据核字 (2021) 第 138033 号

走入"核与辐射"的世界
ZOURU "HE YU FUSHE" DE SHIJIE

出　　版	天津人民出版社
出 版 人	刘　庆
地　　址	天津市和平区西康路 35 号康岳大厦
邮政编码	300051
邮购电话	（022）23332469
电子信箱	reader@tjrmcbs.com

责任编辑	周春玲　佟　鑫
装帧设计	明轩文化·李　慧

印　　刷	天津海顺印业包装有限公司
经　　销	新华书店
开　　本	889 毫米 ×1194 毫米　1/12
印　　张	9
字　　数	102 千字
版次印次	2021 年 7 月第 1 版　2021 年 7 月第 1 次印刷
定　　价	88.00 元

斯小帅

薛小萌

目录

认识辐射

我是"氡"，
无色、无臭、无味，
居住在花岗岩、水泥等建筑
材料里。

我是"镭"，
居里夫人发现了我，
常用来治疗癌症。

我是"钍"，
银白色金属，
天然存在的核能源
材料。

走入"核与辐射"的世界

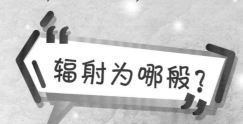

辐射为哪般？

自然界中的一切物体，只要温度在绝对零度（-273.15℃）以上，都以电磁波和粒子的形式不停地向外传送能量，这种传送能量的方式称为辐射。根据电离能力的不同，辐射可分为非电离辐射和电离辐射。

电磁波谱

电离辐射

非电离辐射

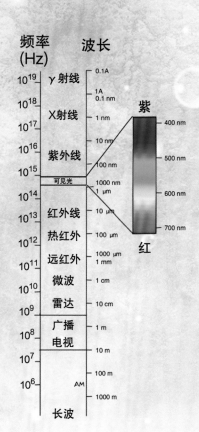

频率
(Hz)　　波长

频率 (Hz)		波长
10^{19}	γ 射线	0.1A
10^{18}	X射线	1A / 0.1 nm
10^{17}		1 nm
10^{16}	紫外线	10 nm
10^{15}		100 nm
	可见光	1000 nm / 1 μm
10^{14}	红外线	10 μm
10^{13}	热红外	100 μm
10^{12}	远红外	1000 μm / 1 mm
10^{11}	微波	1 cm
10^{10}	雷达	10 cm
10^{9}	广播 电视	1 m
10^{8}		10 m
10^{7}		100 m
10^{6}	AM	1000 m
	长波	

紫
400 nm
500 nm
600 nm
700 nm
红

走入"核与辐射"的世界

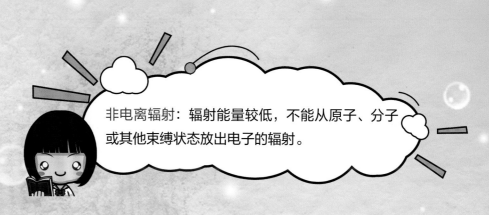

非电离辐射：辐射能量较低，不能从原子、分子或其他束缚状态放出电子的辐射。

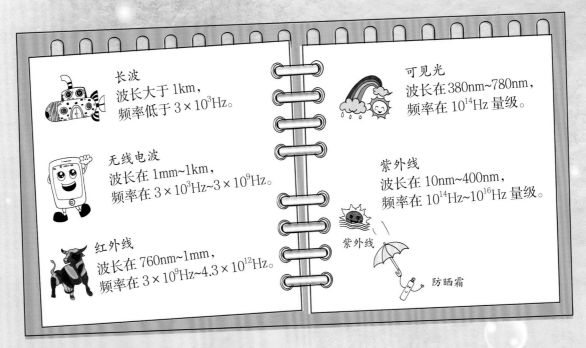

长波
波长大于 1km，
频率低于 $3×10^3$Hz。

无线电波
波长在 1mm~1km，
频率在 $3×10^3$Hz~$3×10^9$Hz。

红外线
波长在 760nm~1mm，
频率在 $3×10^9$Hz~$4.3×10^{12}$Hz。

可见光
波长在 380nm~780nm，
频率在 10^{14}Hz 量级。

紫外线
波长在 10nm~400nm，
频率在 10^{14}Hz~10^{16}Hz 量级。

紫外线

防晒霜

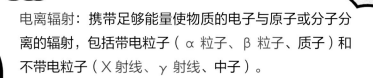

电离辐射：携带足够能量使物质的电子与原子或分子分离的辐射，包括带电粒子（α 粒子、β 粒子、质子）和不带电粒子（X 射线、γ 射线、中子）。

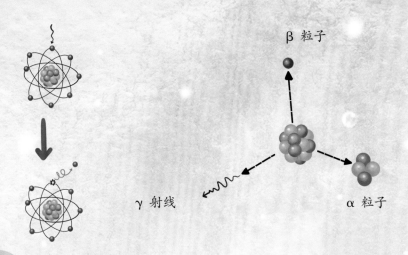

β 粒子

γ 射线

α 粒子

知识拓展

　　世间万物都是由分子组成的，分子由原子组成，原子由原子核和核外电子组成，原子核由质子和中子组成。

07

走入"核与辐射"的世界

电离辐射标识变变变……

电离辐射标识第一版

1946 年，美国加利福尼亚大学伯克利分校的辐射实验室设计而成。

电离辐射标识常见版本

1948 年，由美国橡树岭国家实验室与加州大学伯克利分校的学者共同设计。

电离辐射标识新版本

2007 年，由国际标准组织和国际原子能机构共同推出。

辐照食品标识

1996 年，我国国家卫生部颁布的《辐照食品卫生管理办法》规定：辐照食品在包装上必须贴有卫生部统一制定的辐照食品标识。

放射源是采用放射性物质制成的辐射源的通称。

放射源长这样……

危险，不能捡！

放射源装在这样的圆桶里。

走入"**核与辐射**"的世界

电离辐射从哪儿来？

从辐射产生的来源分类，电离辐射可以分为天然辐射和人工辐射。

^3H ^{14}C ^7Be

宇生放射性核素

宇宙射线

吸入放射性核素

食入放射性核素 ^{40}K

☢ 天然辐射主要包括：
- ·宇宙射线
- ·宇生放射性核素
- ·原生放射性核素

☢ 人工辐射主要包括：
- ·核技术利用
- ·核能利用

天然辐射无处不在，与我们相伴一生，我们居住的建筑、吃的食物、喝的水、呼吸的空气中都含有天然放射性核素。

^{258}U

^{252}Th

^{226}Ra

^{255}U

地面 γ 辐射

10

电离辐射的来源比例

40% 空气
来自石头、泥土及建筑材料产生的放射性气体

12% 宇宙
来自外太空的宇宙射线

1% 其他
来自高空飞行、核电厂排放等

15% 食品和饮料

17% 医疗
主要来自 X 射线

15% 陆地
来自石头及泥土中放射性物质产生的辐射

走入"核与辐射"的世界

剂量比比看

核电厂周围	从北京乘飞	土壤	水果、粮	腹部X射线	在砖房里居住	我国某些高
0.01mSv/年	机往返欧洲	0.15mSv/年	食、空气	0.6mSv/次	0.75mSv/年	本底地区
	0.02mSv/次		0.25mSv/年			3.7mSv/年

知识拓展

　　有效剂量和当量剂量是反映各种射线或粒子被吸收后引起的生物效应强弱的电离辐射量，其国际标准单位是希沃特，记作Sv。定义是每千克(kg)人体组织吸收1焦耳(J)，为1希沃特，1Sv=1000mSv。全球天然电离辐射源所致个人年有效剂量平均值为2.4mSv，我国居民所受天然辐射年有效剂量为3.1mSv。

　　高本底地区是指地表天然辐射水平（如地表γ辐射水平）高于所在地区、国家或全球平均值数倍（至少2~3倍）以上的地区。

人体也是一个放射源?

人类生活在复杂的生物圈里，通过呼吸、饮食等每天都会摄入一定量的放射性物质，但这些都是天然辐射，不会对人体造成伤害。由于代谢平衡作用，人类每天会排出一定量的放射性物质，体内的放射性物质会保持相对稳定的状态。人体内的放射性核素主要有 K-40、C-14 等。

人体也是小放射源

13

走入"核与辐射"的世界

电离辐射危险吗？

接触电离辐射达到一定剂量且持续一段时间后才会对人体产生确定性伤害。

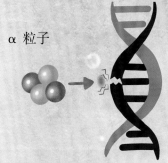

α 粒子

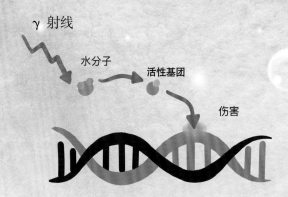

γ 射线

水分子

活性基团

伤害

直接作用：
　　电离辐射的能量直接使生物大分子（核酸、蛋白质）发生电离作用，引发其结构和功能改变。

间接作用：
　　电离辐射的能量使机体内的水分子发生电离作用并产生活性基团，这些活性基团攻击生物大分子并引发其结构和功能改变。

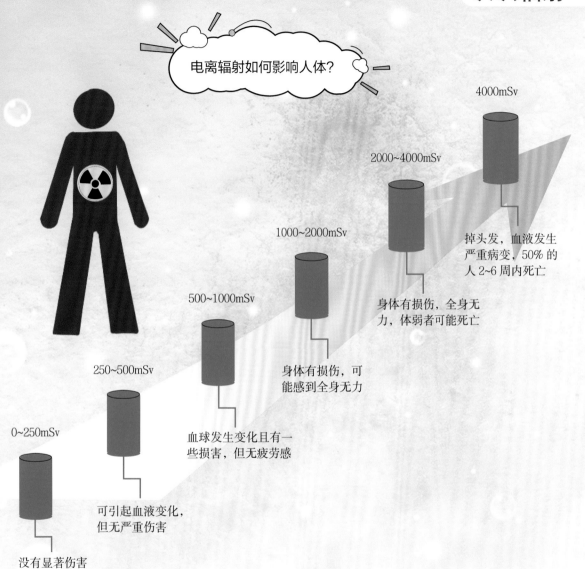

电离辐射如何影响人体?

4000mSv
掉头发,血液发生严重病变,50%的人2~6周内死亡

2000~4000mSv
身体有损伤,全身无力,体弱者可能死亡

1000~2000mSv
身体有损伤,可能感到全身无力

500~1000mSv
血球发生变化且有一些损害,但无疲劳感

250~500mSv
可引起血液变化,但无严重伤害

0~250mSv
没有显著伤害

走入"核与辐射"的世界

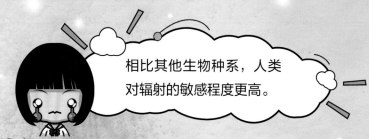

相比其他生物种系，人类对辐射的敏感程度更高。

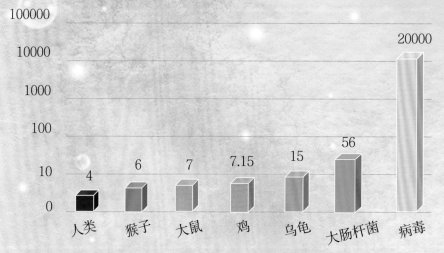

吸收剂量（D50/Gy）

100000	
10000	20000
1000	
100	56
10	15
0	4 6 7 7.15

人类　猴子　大鼠　鸡　乌龟　大肠杆菌　病毒

不同种系生物死亡50%所需的吸收剂量（D50/Gy）

知识拓展

　　吸收剂量是电离辐射滞留在单位质量物质（如人体组织）内的能量，其国际标准单位是戈瑞，记作Gy，1戈瑞=1焦耳每千克（J/kg）。

随着个体发育过程的推进，
胚胎对辐射的敏感性逐渐降低。

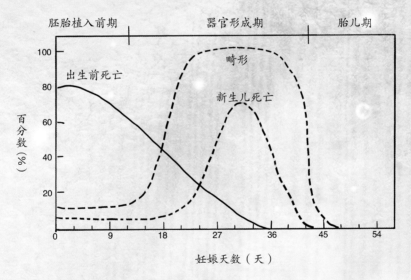

胚胎发育不同阶段，受 2Gy 剂量的 X 射线
照射造成死胎和畸形的发生概率

17

走入"核与辐射"的世界

《电离辐射防护与辐射源安全基本标准》（GB18871-2002）规定了实践所引起的照射及不同人群的剂量限值，以最大程度保护公众。其中规定的剂量限值不适用于医疗照射和无任何主要责任方负责的天然辐射。个人剂量限值不包括天然辐射照射剂量。

公众年有效剂量
连续5年内平均值
不超过1mSv。

职业人员年有效剂量
连续5年的平均值
不超过20mSv。

不是职业人员比公众更抗辐射，而是在这个领域，他们有更多的责任。

辐射事故分级表

辐射事故分级			
级别	放射源种类 （丢失、被盗、失控）	急性死亡人数 （放射性同位素和 射线装置失控）	急性重度放射病、 局部器官残疾人数
特别重大辐射事故	Ⅰ类、Ⅱ类 （造成大范围严重 辐射污染后果）	3人以上（含3人）	—
重大辐射事故	Ⅰ类、Ⅱ类	2人以下（含2人）	10人以上（含10人）
较大辐射事故	Ⅲ类	—	9人以下（含9人）
一般辐射事故	Ⅳ类、Ⅴ类	—	人员受到超过年剂 量限值的照射

知识拓展

　　《放射性同位素与射线装置安全和防护条例》提出，根据人们在无防护措施的情况下接触和接近放射源对人体健康和环境的潜在危害程度（其主要取决于放射性核素种类和其放射性活度），将放射源从高到低分为五类，即Ⅰ类（极高危险源）、Ⅱ类（高危险源）、Ⅲ类（危险源）、Ⅳ类（低危险源）、Ⅴ类（极低危险源）。

辐射大小
靠TA知晓

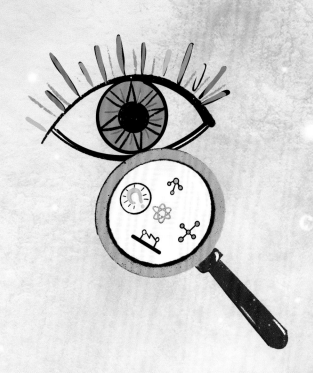

辐射长什么样子?

我怎么看不到呢?

　　辐射看不见摸不着，但是可以用仪器检测。个人所受的辐射剂量，工作场所和环境的辐射剂量，都是可以用专业仪器检测的。

这些都是专业的辐射检测仪器。

X、γ 剂量率仪　　　　α、β 表面污染检测仪　　　低本底 α、β 测量仪

手持式 γ 能谱仪　　　便携式测氡仪

辐射防护
妙招连连

走入"核与辐射"的世界

辐射防护三原则

辐射实践的正当性

实践带来的利益
足以弥补其可能引起的辐射危害。

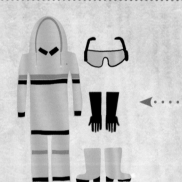

防护水平的最优化

选择最佳的防护水平和最优的
防护方案，以最小的代价获得最大的利益。

个人受辐照的剂量限值

符合《电离辐射防护与
辐射源安全基本标准》
（GB18871-2002）标准要求。

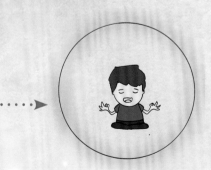

辐射的照射模式

外照射

内照射

碘－131
甲状腺

铯－137
软组织

钚－239
肺、肝、骨骼

根据照射模式的不同，电离辐射分为外照射和内照射。

外照射：体外辐射源对人体的照射。

内照射：进入人体的放射性核素作为辐射源对人体的照射。

27

外照射防护的措施：

时间：缩短时间。

距离：增大与放射源的距离。

屏蔽：利用铅板、钢板或墙壁等遮挡。

00:05 时间

距离

屏蔽

28

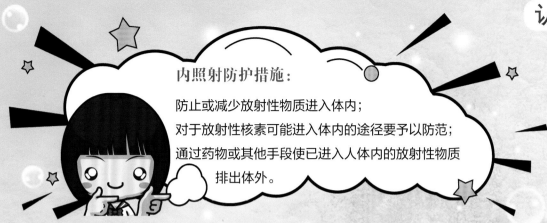

内照射防护措施：

防止或减少放射性物质进入体内；

对于放射性核素可能进入体内的途径要予以防范；

通过药物或其他手段使已进入人体内的放射性物质排出体外。

辐射污染进入体内的途径

饮食

呼吸

皮肤或黏膜
（包括伤口）

走入"核与辐射"的世界

不同照射模式下人体受辐射照射的检测方法：

外照射：佩戴个人剂量计，包括热释光式、直读式、胶片式、腕表式、光致发光个人剂量计。也可以通过个人剂量报警仪测量。

内照射：通过尿液、血液、粪便等生物样本分析内照射剂量，还可以通过全身计数器测定体内放射性物质的含量。

个人剂量计

个人剂量报警仪

不同射线防护要领：

α 射线：高速氦核粒子流，射程短，穿透能力弱，健康的皮肤或者一张纸就可以挡住。

β 射线：高速电子流，穿透能力处于 α 射线和 γ 射线之间，可穿透皮肤，一块几毫米厚的铝板可以挡住。

γ 射线：电中性射线，穿透能力较强，需要用铅板或者混凝土墙才能阻挡。

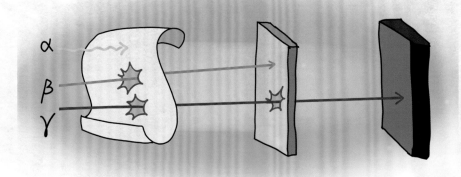

辐射应用
神通广大

战疫情

国务院应对新冠肺炎疫情联防联控机制医疗物资保障组印发《通知》，明确采用辐照方式对医用防护服进行灭菌，达到《规范》放行条件的可在有效期内进入重症隔离病区（房）使用。该措施属此次疫情防控临时应急措施，疫情结束后自行解除。

战疫情·工信部
医用防护服灭菌达标后可临时用于隔离病区

星期日 08：25

2020 年，新冠肺炎疫情暴发，医用防护服非常紧缺，需求进入"战时模式"后，核技术的投入大幅缩短了生产周期，将原来防护服消毒灭菌的时间由 7~14 天缩减到 1 天以内。

啊，穿上辐照装置照射的防护服不会有辐射危险吗？

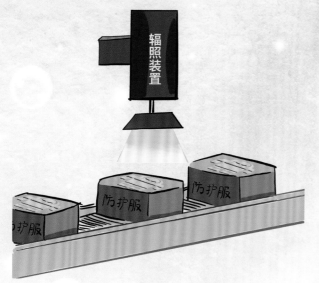

辐照装置产生的高能电子束使微生物失去活性，从而达到灭菌的效果。被照射的物品只接收了射线能量，这是物理过程，物品不与放射性物质接触，所以防护服不会有放射性污染，可以放心穿着。

走入"核与辐射"的世界

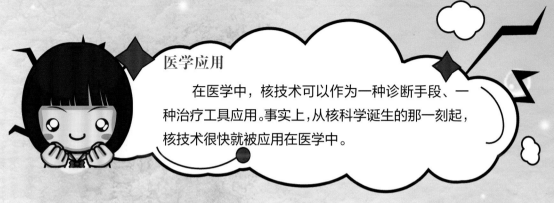

医学应用

在医学中，核技术可以作为一种诊断手段、一种治疗工具应用。事实上，从核科学诞生的那一刻起，核技术很快就被应用在医学中。

 X 射线机

当 X 射线透过人体各种不同组织、不同器官时，被吸收的程度不同，到达荧屏或胶片上的 X 射线的量存在差异，于是，在荧屏或 X 射线胶片上形成黑白对比不同的影像。

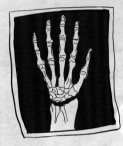

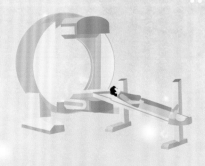

 CT 机

计算机 X 射线断层摄影机（Computed Tomography），简称 CT 机。CT 机用 X 射线束对人体的某一部位按一定厚度的层面进行扫描，输出的射线信号转变为数字信息后由计算机进行处理，显示图像。

伽马射线立体定向放射治疗系统（伽马刀）

伽马射线立体定向放射治疗系统将钴-60 发出的 γ 射线进行几何聚焦，集中射于病灶，一次性、致死性地摧毁靶点内的组织，而射线经过人体正常组织几乎无伤害，并且剂量锐减。因此其治疗照射范围与正常组织界限非常明显，边缘如刀割一样，人们形象地称之为"伽马刀"（γ 刀）。

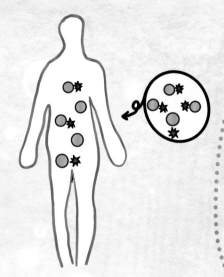

医学示踪

人体根据物质的化学性质来代谢元素和化合物，分不出哪些是放射性的，哪些不是。利用同一元素同位素有相同的化学性质，在人体中参与同样的转化过程，而放射性核素能自发地放出射线，把它们的行动轨迹详细地发送出来。在人体外使用射线探测器进行跟踪，不需要切开肌体即能真实地了解体内的秘密。

例如：甲状腺的功能检测，采用口服放射性碘-131 做示踪剂；血液循环系统的检查，采用钠-23 做示踪剂。

走入"核与辐射"的世界

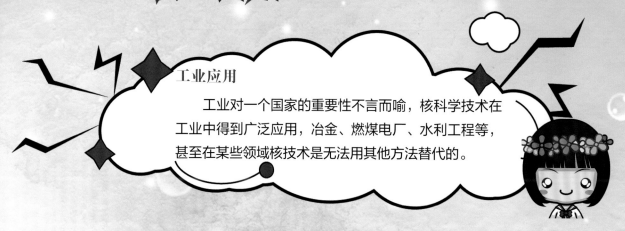

工业应用

　　工业对一个国家的重要性不言而喻，核科学技术在工业中得到广泛应用，冶金、燃煤电厂、水利工程等，甚至在某些领域核技术是无法用其他方法替代的。

 料位计

　　测量料仓或管道中物料的表面位置可以清楚了解容器中所储物料的数量，以便合理安排生产活动。核辐射式的料位计，容器一侧装有 γ 射线放射源，另一侧装有 γ 射线接收器，随着物料表面高度的变化，γ 射线穿过料层后的强度会不同，接收器检测 γ 射线强度的变化进而反映物料的表面高度。同一规格饮料瓶中饮料的液面一样高就是这样做到的。

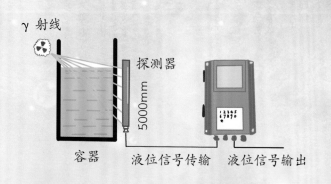

γ 射线

探测器

5000mm

容器　　液位信号传输　液位信号输出

水平线

工业物料成分实时在线检测

　　γ 核指纹：如同人的指纹一样，没有两个不同的放射性同位素具有相同的半衰期或 γ 射线能量。中子和样品中不同元素作用，放射出的 γ 射线能量也是不同的。根据获得样品的"核指纹"特征，可以判别材料中含有的元素及其含量。

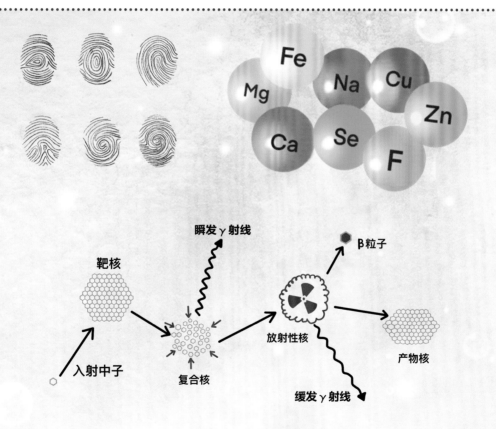

走入"核与辐射"的世界

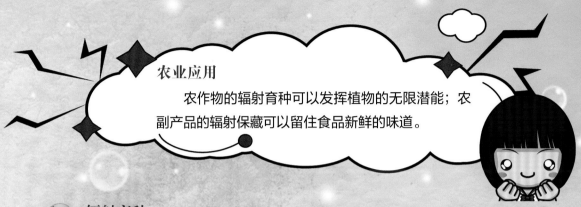

农业应用

　　农作物的辐射育种可以发挥植物的无限潜能；农副产品的辐射保藏可以留住食品新鲜的味道。

 辐射育种

　　辐射育种是一种利用辐射诱发植物遗传物质发生变异，从中选择培育新品种的方法。

　　食品辐照使用的辐照源的能量水平低于诱发食品中元素产生显著放射性所需的能量水平，辐照食品上不会有放射性物质残留，可以放心食用。

西瓜种子

有籽西瓜
（未经辐照）

无籽西瓜
（辐照育种后）

辐射保藏

　　食品辐射保藏是利用辐射源产生的 X 射线、γ 射线以及加速器产生的高能电子束辐照农产品和食品，抑制发芽、推迟成熟、杀虫灭菌和改进品质的储藏保鲜和加工技术。

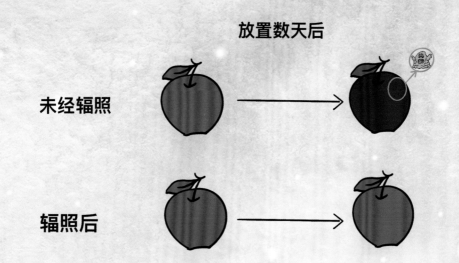

走入"核与辐射"的世界

烟雾报警器

　　烟雾报警器的主体是一个放有镅-241放射源的电离室，通过放射源衰变产生 α 射线使电离室的气体电离，产生正、负离子，并在电场作用下分别移向正负极。无烟雾进入时电离室的电流电压稳定，当有烟雾进入时就会干扰粒子的正常运动，破坏电流和电压的稳定，从而实现报警。

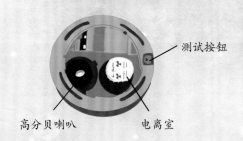

高分贝喇叭　　　电离室　　　测试按钮

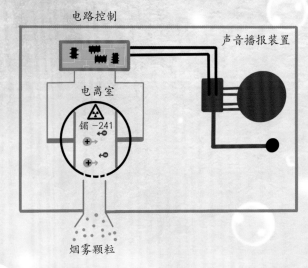

电路控制

声音播报装置

电离室

镅-241

烟雾颗粒

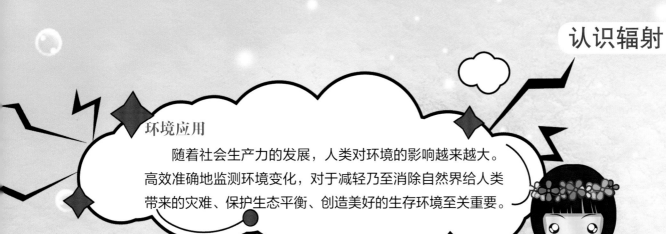

环境应用

　　随着社会生产力的发展，人类对环境的影响越来越大。高效准确地监测环境变化，对于减轻乃至消除自然界给人类带来的灾难、保护生态平衡、创造美好的生存环境至关重要。

 PM2.5 的检测

　　样品空气以恒定的流量经过进样管，颗粒物被截留在滤膜上，β 射线通过滤膜时，能量会发生衰减。人们通过测定能量衰减量来计算颗粒物的质量，从而反映空气质量水平。

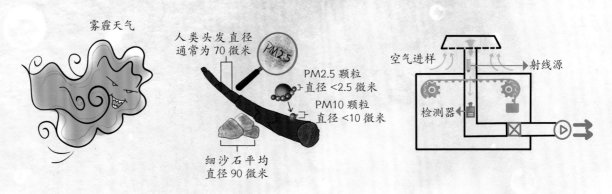

雾霾天气

人类头发直径
通常为 70 微米

PM2.5 颗粒
直径 <2.5 微米

PM10 颗粒
直径 <10 微米

细沙石平均
直径 90 微米

空气进样　　　　射线源

检测器

走入"核与辐射"的世界

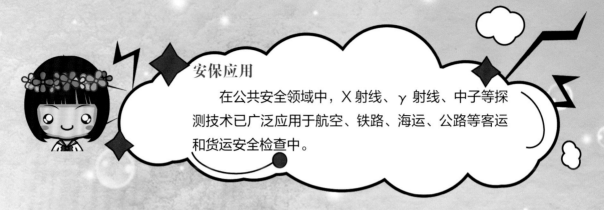

安保应用

在公共安全领域中，X 射线、γ 射线、中子等探测技术已广泛应用于航空、铁路、海运、公路等客运和货运安全检查中。

 行李安检

利用小剂量的 X 射线照射备检物品，利用计算机分析透过的射线，根据透过射线的变化分析被穿透的物品性质。

集装箱安检

　　钴-60 发出的 γ 射线穿过集装箱达到探测器。探测器将接收到的 γ 射线转换成电信号，传送到计算机进行图像处理后，在计算机屏幕上将集装箱内隐藏的走私品、毒品、武器和炸药等显示得一清二楚。

走入 "核与辐射" 的世界

 活化分析法

　　当稳定性核素受到中子、带电粒子或高能光子的轰击后，可转变成放射性的核素，通过测量反应产物放出的射线可定量地分析出样品中某一种或几种元素的含量。

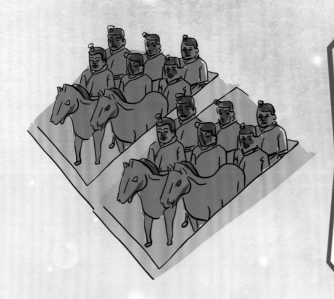

秦始皇兵马俑

　　秦始皇兵马俑制作原料取自何方、窑址在哪里等问题，长期以来一直困扰着文物考古界的专家。通过中子活化技术可知，兵马俑的原料可能取自秦陵西南方 9.5 千米的枣园村、秦陵以东 5.5 千米的高邢村一带的垆土层，或者取自秦陵附近其他地方的垆土层。

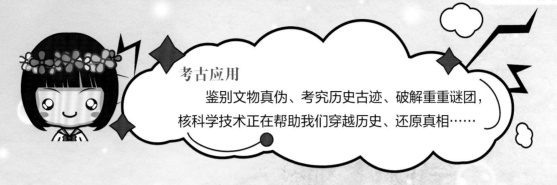

考古应用

鉴别文物真伪、考究历史古迹、破解重重谜团，核科学技术正在帮助我们穿越历史、还原真相……

 碳-14 鉴年

如果知道一种放射性核素的半衰期，可以利用核衰变规律，建立一个时钟测定过去流逝的时间。活着的植物或动物通过物质交换来保持碳-14平衡。生物体死亡后，交换过程停止，碳-14浓度逐渐减少。测量古物残留的碳-14含量，就可得知其年代信息。

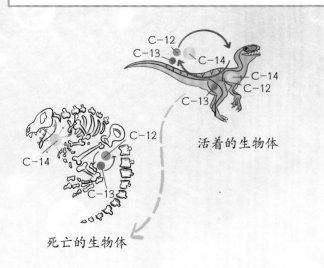

活着的生物体

死亡的生物体

三星堆

走入"**核与辐射**"的世界

航空航天应用

在航空航天领域，核技术为航天器提供探测和能源解决方案。

 核探测器

"嫦娥一号"卫星的 8 种探月"武器"：

干涉成像光谱仪，

激光高度计，

CCD 立体相机，

微波探测仪，

γ 射线谱仪，

X 射线谱仪，

太阳高能粒子探测器，

太阳风离子探测器。

后面四个均为探测空间射线核的仪器。

同位素热源

月球表面光照条件变化大，昼夜温差超过 300℃，白昼时温度高达 127℃，黑夜时温度急剧下降到 −183℃。为了避免仪器设备冻坏，"嫦娥三号"采用了放射性同位素热源。这是中国航天探测活动中首次应用核能。

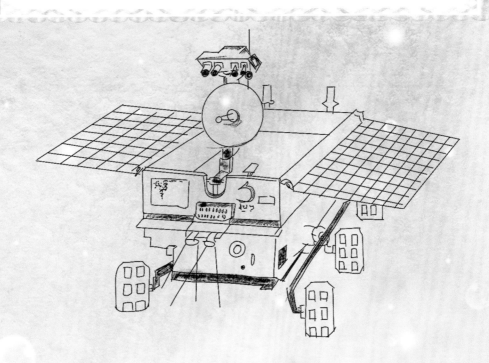

认识核能

走入"核与辐射"的世界

小小原子
大大能量

52

我是"锕"，
力气大，
可做航天燃料。

我是"钋"，
被居里夫人发现，
能在黑暗中发光。

我是"铀"，
威力大，
是原子弹原料。

走入"核与辐射"的世界

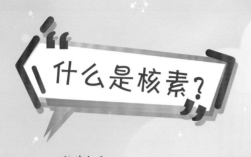

什么是核素？

随着科学家的不断探索，微观世界的面纱被一层层揭开，原子已不再是物质不可再分的单位。

你知道吗？我们用肉眼是看不到小小的原子的，因为原子的直径比头发丝还小 100 万倍。

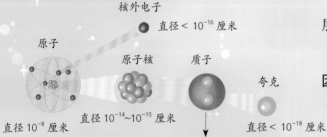

核外电子
直径 < 10^{-16} 厘米

原子

原子核

质子

夸克
直径 < 10^{-18} 厘米

直径 10^{-8} 厘米

直径 $10^{-14} \sim 10^{-15}$ 厘米

直径 $1.6 \times 10^{-15} \sim 1.7 \times 10^{-15}$ 厘米

原子是由原子核（带正电）和核外电子（带负电）组成的。
原子核是质子和中子（统称核子）的结合体，具有一定的结合能。
核子由夸克组成，关于夸克的具体结构科学家们还在努力探索中……
核素是一种具有一定数目质子和一定数目中子的原子。

知识拓展

人类已经发现了 2000 多种核素，有近 300 种核素是稳定的，其余都是不稳定核素。

54

核素的多个兄弟

元素
- 宏观概念。
- 只论种类，不讲数目。

核素
- 微观概念。
- 一种核素就是一种原子。

同位素

　　具有相同质子数和不同中子数的同一元素的不同核素称为同位素。

piē　　dāo　　chuān
氕　　 氘 　　 氚

我们三个是氢（H）家族多个兄弟中的明星，三个长得一样，就是体重不一样。

原子核能量有多大?

你知道吗? 别看原子核很小, 但是能量很大。

1 千克铀-235 完全裂变时所产生的能量相当于 2700 吨标准煤燃烧后所产生的能量。

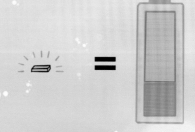

1 块核电池提供的能量相当于 100 万个化学电池所提供的能量。

为什么原子核会有这么大能量？

我们知道，原子核是由质子和中子组成的。但是经过科学家精确的实验测出原子核质量总是小于构成它的核子质量之和，也就是说，各核子结合构成原子核时有质量亏损。

实验测得

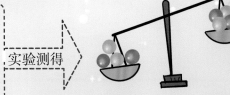

原子核质量＜（组成它的）
质子质量＋中子质量

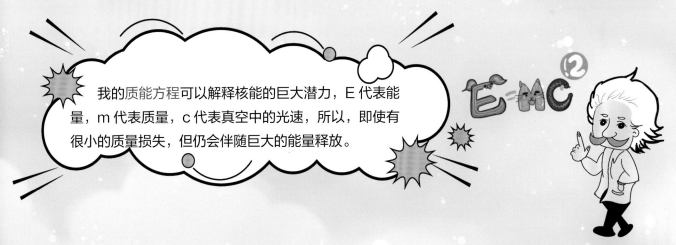

我的质能方程可以解释核能的巨大潜力，E 代表能量，m 代表质量，c 代表真空中的光速，所以，即使有很小的质量损失，但仍会伴随巨大的能量释放。

57

走入"核与辐射"的世界

核能是怎样产生的?

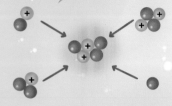

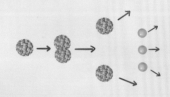

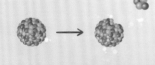

核聚变（轻核）
应用：氢弹、人造太阳等

核裂变（重核）
应用：原子弹、核潜艇、
　　　核电厂等

核衰变（不稳定核素）
应用："嫦娥三号"的暖
　　　宝宝——核电池等

核能，又称原子能，通过核裂变、核聚变两种核反应，以及不稳定核素自发的核衰变都会有质量损失，都会释放出能量。

知识拓展

目前核裂变可控，核聚变控制上还有难题需要攻克。从核裂变到核聚变，是核能发展的必然趋势。

核裂变 VS 核聚变

在元素周期表中排在铁(Fe)之前的元素都是核聚变生成的。

核裂变
- 一变多的过程
- 燃料为重核
- 中子"点火"
- 链式反应

核聚变
- 多变一的过程
- 燃料为轻核
- 超高温高密
- 热核聚变

与正负电荷那点儿事

1.为什么选用中子"点火"?

原因之一在于中子不带电,相对于其他带电粒子更容易进入原子核。

2.为什么选用轻核聚变?

原因之一在于原子核间有很强的静电排斥力,而静电排斥力与所带电荷成正比,原子序数越小,质子数越少的轻核聚变需要克服的排斥力就相对越小。

核武卫士
维护和平

我是"原子弹",
也叫"裂变弹",
是第一代核弹。

我是"核潜艇",
也叫"核动力潜艇",
可以携载核弹。

我是"氢弹",
也叫"聚变弹",
是第二代核弹。

走入"核与辐射"的世界

"什么是核武器？"

核武器一般是指由核弹头及其投掷发射系统组成的武器系统。

核弹头——相当于"弹"
（原子弹、氢弹等）

携载投射工具——相当于"枪"
（轰炸机、陆基洲际导弹、核潜艇等）

当隐藏的"潜水艇"载上了"核弹"，水下发射射程已超1万千米（相当于从北京到美国的距离）。

利用铀-235或钚-239等重原子核的链式裂变反应原理制成的核武器，称裂变弹或原子弹。

利用重氢（氘）、超重氢（氚）等轻原子核的热核聚变反应原理制成的核武器，称聚变弹或氢弹或热核弹。（中子弹、冲击弹其实是小型的氢弹）

知识拓展

随着科技的发展，从第一代核武器原子弹、第二代核武器氢弹，发展到第三代核武器电磁脉冲弹、第四代核武器干净的聚变弹等；核武器的投掷地点也从地面到海洋，从空中到太空。

核武器的威力有多大？

原子弹威力

铀（全部裂变）
1千克 = TNT炸药
20000000千克

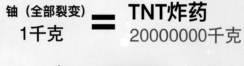

需要334节火车车厢运输

氢弹威力

氘（完全聚变）
1千克 = TNT炸药
60000000千克

需要1000节火车车厢运输

63

走入"核与辐射"的世界

世界上核武器的出现

1938 年	1949 年	1960 年
德国	苏联	法国
发现铀裂变现象	第一颗原子弹爆炸	第一颗原子弹爆炸

1945 年	1952 年	1964 年
美国	英国	中国
第一颗原子弹爆炸	第一颗原子弹爆炸	第一颗原子弹爆炸

　　1945 年 7 月 16 日，由钚-239 为燃料的原子弹在美国试爆成功，这是世界上第一颗试爆成功的原子弹。

　　1945 年 8 月，美国在日本广岛、长崎投下两枚原子弹，这是迄今为止唯一一次被用于战争的核弹。

1945 年 8 月 6 日投掷于广岛的"小男孩"的燃料是铀-235。

1945 年 8 月 9 日投掷于长崎的"胖子"的燃料是钚-239。

中国为什么发展核武器？

为了维护国家安全，也为了保卫世界和平！

中国发展核武器是在特定的历史条件下迫不得已作出的决定，在近代长达 100 多年的时间里，中华民族曾历经磨难，多次受到外国的侵略和蹂躏，饱尝战争的灾难。新中国成立后，仍然受到战争的威胁，包括核武器的威胁。中国要生存、要发展，别无选择。我们研制和发展少量核武器，不是为了威胁别人，完全是出于防御的需要，是为了自卫，为了维护国家的独立、主权和领土完整，保卫人民和平安宁的生活。中国发展核武器也是为了保卫世界和平，为了打破核讹诈和核威胁，防止核战争，最终消灭核武器。

——《中华人民共和国政府关于停止核试验的声明》

65

走入"核与辐射"的世界

中国的核武辉煌

两弹一星：导弹、核弹、人造卫星
两弹一艇：原子弹、氢弹、核潜艇

核弹（原子弹&氢弹）

"长征一号"

1970 年 12 月
第一艘核潜艇下水

"东方红一号"

1970 年 4 月
第一颗人造
地球卫星上天

1967 年 6 月
第一颗氢弹爆炸

"东风一号"

1964 年 10 月
第一颗原子弹爆炸

1960 年 11 月
第一颗导弹发射

当"导弹"遇上"原子弹"——导弹核武器就诞生了！

从第一颗原子弹爆炸到第一枚导弹核武器诞生，美国用了 13 年，我们只用了 2 年便结束了我国核力量"有弹无枪"的历史。

知识拓展

从原子弹到氢弹，美国用了 7 年 3 个月，英国用了 4 年 7 个月，我们只用了 2 年 8 个月。

中国"核安全观"

1992 年 3 月 9 日
中国签署《不扩散核武器条约》，成
为该条约第 174 个会员国。

1996 年 7 月 29 日
中国进行第 45 次核爆后，
中国宣布从翌日起开始暂停核试验。

1996 年 9 月 24 日
在联合国总部，中国与美国、法国、
俄罗斯、英国等 16 个国家在《全面
禁止核试验条约》上签字。

2014 年 3 月 24 日
在荷兰海牙举行第三届核安全峰会，中国国
家主席习近平在会上提出中国的"核安全观"。

2018 年 1 月 1 日
开始实施《中华人民共和国核安全法》。

2019 年 9 月 3 日
国务院新闻办公室发表《中国的核安全》白皮书。

协调

并进

理性

安全核电
守护蓝天

安全高效　　零排放　　无污染

"华龙一号"

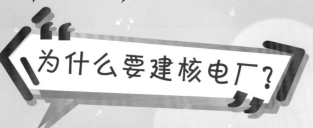

走入"核与辐射"的世界

为什么要建核电厂？

能源危机

世界能源需求急剧增长，预计到 2050 年，世界能源需求量将增加一倍，那时，石油、煤炭等传统能源已剩不多，风能、太阳能无法大规模供电，如果没有核电，全世界将有 16% 用电设备无电可用，平均每五天停电一次，太可怕了。

温室效应

温室效应源自温室气体，如二氧化碳、甲烷、臭氧等。这些温室气体仍持续增加，缓解温室效应刻不容缓，否则，冰山融化、海平面上升，太可怕了。

核能比传统能源更加高效、经济。

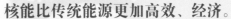

核电所需燃料是煤电的十万分之一，发电综合成本很低。

核能比传统能源更加清洁、低碳。

核电厂不排放二氧化碳、二氧化硫等污染物。

走入"核与辐射"的世界

核电厂是如何发电的？

　　核电厂的种类有很多，常用的反应堆有压水堆、沸水堆、重水堆等，目前我国常用的是压水堆。

　　下面让我们一起来探索压水堆核电厂发电原理吧！

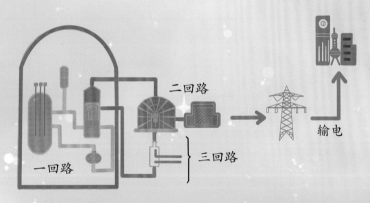

二回路

一回路

三回路

输电

　　压水堆总共分为三个回路，三个回路之间相互独立。一回路和二回路之间只有热交换，没有物质交换，所有放射性物质都在一回路中，不会泄露。

核电厂的"心脏"就是一回路中的核反应堆，一个可控的核裂变反应堆。

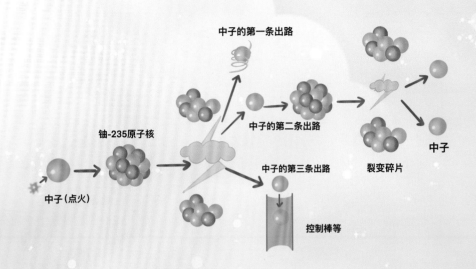

中子的第一条出路

铀-235原子核

中子的第二条出路

中子的第三条出路

裂变碎片

中子

中子(点火)

控制棒等

核反应堆中的核燃料主要是铀-235，点火剂是"中子"。控制棒也叫"吸收棒"，由硼、碳化硼、镉、银铟镉等材料组成。控制棒吸收中子可用来补偿燃料和调节反应速率。

核电厂真的安全吗？

1."核燃料"纯度太低，想"爆炸"没戏！

VS

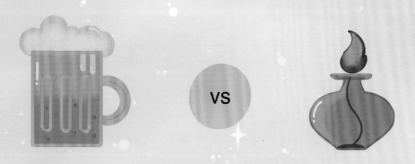

核电厂不会像原子弹一样爆炸，虽然核电厂和原子弹的核燃料都有铀-235，但是铀的浓度差别很大哟。

核电厂用的铀浓度为 3% 左右，而原子弹用的铀浓度为 90% 以上，类似于低浓度啤酒和高浓度酒精，高浓度酒精易燃，而低浓度啤酒因酒精含量低而不能被点燃。

2. 穿了四层"防漏衣"，想"露馅"没门！

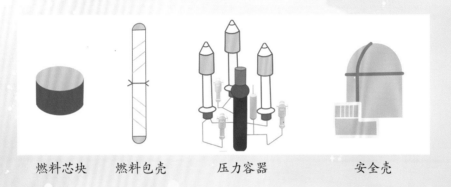

燃料芯块　　　燃料包壳　　　　压力容器　　　　安全壳

四层"防漏衣"——四道安全屏障

第一道：燃料芯块，98% 以上核裂变产生的放射性物质不会漏出来；

第二道：燃料包壳，包住燃料芯块，防止放射性物质漏到一回路；

第三道：压力容器，耐高压，防止放射性物质漏到反应堆厂房中；

第四道：安全壳，密封度高，承受力强，防止放射性物质漏到周围环境中。

3. 科学选址——任它 "风吹雨打" 都不 "漏"！

核电厂选址时会分析厂址地区几百千米内历史上是否曾发生过台风和地震。

为防止放射性排放物的意外泄露，核电厂选址对地质、地震、人文、气象等自然条件和工农业生产及居民生活等社会环境都有严格的要求。

4.核电厂周围辐射剂量不值一提!

生活在核电厂周围的居民辐射剂量为 0.01mSv/ 年,而香烟的辐射剂量为 0.05mSv/ 支。

在核电厂周围生活一年才相当于抽了两支烟的剂量,在核电厂周围生活两年才相当于乘飞机从北京往返欧洲一次受到的辐射剂量。

走入"**核与辐射**"的世界

核电厂的发展

1954年，苏联奥布灵斯克核电厂并网发电，揭开核能用于发电的序幕。

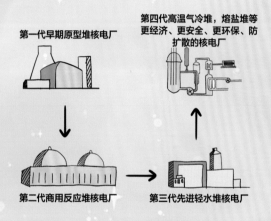

第一代早期原型堆核电厂

第二代商用反应堆核电厂

第三代先进轻水堆核电厂

第四代高温气冷堆，熔盐堆等更经济、更安全、更环保、防扩散的核电厂

第一代核电厂：20世纪五六十年代，开发原型堆核电厂，解决工程技术问题。

第二代核电厂：20世纪70年代至今，开发商用反应堆核电厂，目前仍在批量建设。

第三代核电厂：20世纪90年代至今，开发先进轻水堆核电厂，安全、经济，市场前景乐观。

第四代核电厂：20世纪90年后期起，开发安全、经济、排放废物量极少的核电厂，预计2035年商用。

2021 年 1 月 30 日，"华龙一号"核电机组全球首堆——中核集团福建福清核电 5 号机组投入商业运行。

这标志着我国成为继美国、法国、俄罗斯等国家之后，又一个具有独立自主的第三代核电技术的国家。

"华龙一号"核电机组每台机组装机容量 116.1 万千瓦，每年发电近 100 亿度，能够满足中等发达国家 100 万人口的年度生产和生活用电需求，相当于每年减少标准煤消耗 312 万吨，减少二氧化碳排放 816 万吨，相当于植树造林 7000 多万棵。

事故剖析
防护指南

温馨提示

事故本身不可怕，
遇事莫慌听指挥。

走入"核与辐射"的世界

核事故如何分级？

为避免"误传、夸大或缩小"核事故现象，使公众及时、简单了解核事故程度，国际原子能机构(IAEA)编制了《国际核与辐射事件分级表》(INES)。

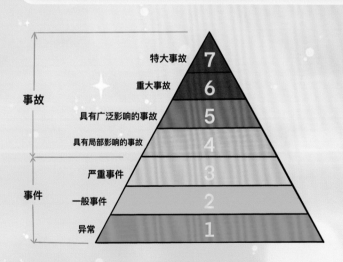

国际核与辐射事件分为7级，1~3级为事件，4~7级为事故，0级属于偏差。

各等级核事故的影响如何？

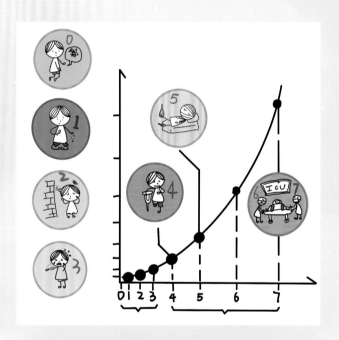

1~3级为事件，不会影响公众。

4级为无明显厂外风险事故，可能对公众造成一定影响。

5级及以上核事故，会对公众和环境造成不同程度的伤害。

走入"核与辐射"的世界

世界重大核事故

盘点重大核安全事故

5级
三里岛核事故
美国三里岛核电厂
2号机组
（压水反应堆）

1979 年

7级
切尔诺贝利核事故
苏联切尔诺贝利核电厂
4号反应堆发生爆炸
（石墨反应堆）

1986 年

7级
福岛核事故
日本福岛第一核电厂
1号机组
（沸水反应堆）

2011 年

知识拓展

我国长期保持良好的核安全记录，未发生过《国际核与辐射事件分级表》2级及以上的事件或事故，且0级偏差和1级异常事件发生率呈下降趋势。

事故原因剖析

三里岛核事故

　　主要原因：核电厂存在设计缺陷、设备故障和管理不当等问题，特别是操纵员的失误等因素造成事故发生。

切尔诺贝利核事故

　　主要原因：操作员违章操作、判断失误，加上反应堆设计缺陷，特别是没有安全壳等因素造成事故发生。

福岛核事故

　　主要原因：对严重事故的预防和缓解认识不足，未能及时准确采取有效的系统管理手段。

福岛核污水为什么这么多？

2011 年 3 月 11 日，日本发生 9.0 级地震，福岛核电厂核反应堆保护系统使反应堆自动停堆，但核电厂内应急电源被海啸的冲击摧毁，反应堆冷却系统功能完全丧失，余热无法排出，堆芯燃料熔化，引发氢气爆炸（并非核爆炸）。

为了控制反应堆温度，往反应堆内注入大量冷却水，加上雨水与地下水日复一日地涌入，福岛核电厂的核污水至今仍在持续产生，核污水过滤后存储在大型罐体内。截至 2021 年 1 月 21 日，核电厂里已有 124 万吨核污水，并以每天 140 吨的数量在增加，估计到 2022 年 9 月将达到储存罐的上限 137 万吨。

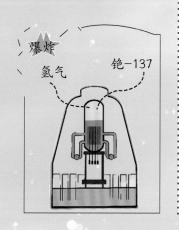

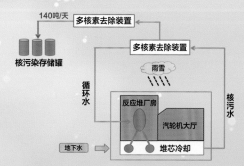

2021 年 3 月，日本向国际原子能机构提供了关于福岛第一核电厂最新的排放记录（截止 2021 年 2 月）和海水监测结果。报告显示，核废水经过多核素去除装置处理后，废水中主要剩余的放射性核素是氚以及少量的锶、铯。

核污水排放对公众健康的影响

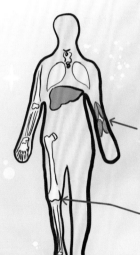

氚（³H）——遍布全身
半衰期：12.43 年

铯（¹³⁴Cs、¹³⁷Cs）——易沉积于肌肉组织
半衰期：分别为 2.06 年和 30.17 年

锶（⁹⁰Sr）——易沉积于骨骼内
半衰期：28.79 年

核污水中这些放射性物质半衰期长，过量的放射性物质进入人体，会造成体内污染，形成持续的内照射损伤，严重的会引起放射性白血病，慢性损伤将造成神经系统调节功能、心血管功能、胃肠道功能以及免疫功能出现障碍，长期存在还有增加肿瘤发病的风险。

我国将密切关注日本福岛核事故事态发展，认真评估核污水对海洋生态环境可能造成的影响，加强海洋辐射环境监测，保障我国海洋生态环境安全。

知识拓展

半衰期，放射性核素的活度减少至原有值的一半所需的时间。以氚为例，经过 12.43 年放射性活度衰减为原来的 1/2，再过 12.43 年衰减为原来的 1/4，再过 12.43 年衰减到原来的 1/8……

走入"**核与辐射**"的世界

核事故如何影响公众？

放射性物质随风漂移

吸入放射性物质

水道、农作物等被污染

进食污染物

牲畜食入污染后的草

受沉降在地上的放射性物质照射

　　发生核事故，人们既可能受到直接的外照射，也可能因食入被污染的食物和饮用受污染的水等产生内照射。

核事故应如何防护？

发生核事故后，最重要的是保持冷静，听从指挥，遵照执行，共渡难关，切勿传谣信谣！

保持冷静，听从指挥
不传谣不信谣

听到警报，进入室内
关闭门窗

戴上口罩
捂住口鼻

了解动态
接受指令

接到服用碘片指令
遵照说明
严格用量
切勿擅用

接到饮食控制指令
遵照执行
不喝露天水
不食污染菜

接到撤离指令
遵照执行
切勿贪财
有序撤离

谣言碎碎碎

多吃碘盐可以防辐射？

谣言

碘分为放射性碘和稳定性碘，服用稳定性碘可以使甲状腺内的碘饱和，从而阻止放射性碘的摄入。

碘盐内的碘含量较低，为30毫克/千克，碘片含碘量为100毫克/片，要达到相同含碘量，需要一次摄入约3千克碘盐，远远超过了人们能够承受的盐摄入量。

此外，碘片须在受到污染6小时之内在专业人员指导下服用。自行购买碘片吃，会对身体造成危害，甚至导致碘"中毒"。

仙人掌可以防辐射？

仙人掌生命力顽强，长期生长在紫外线强烈的环境中，所以被误认为具有防辐射的功能，很多人将它摆放在电脑旁抵挡辐射。

其实，仙人掌抗紫外线照射能力强不等于吸收辐射能力强。紫外线辐射与电脑辐射有本质区别，即使仙人掌具有吸收紫外线的能力，目前也没有相关报告证明它具有吸收电脑辐射的能力。

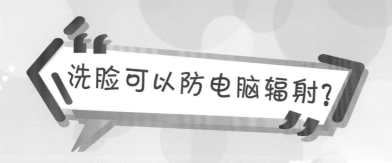

洗脸可以防电脑辐射?

据说面对电脑时间长了,脸上可能会带有电磁辐射颗粒,通过洗脸可以清除电磁辐射颗粒,从而减少辐射。

但其实清洗辐射颗粒是核辐射防护的相关措施。核爆炸以后,带有核辐射的颗粒会发生扩散,沾染在人的脸上,如果不及时清洗,会对人体造成持续的电离辐射伤害。

电脑显示器辐射的仅仅是电磁波,不会扩散出放射性物质,也就不会存在所谓的辐射颗粒,所以洗脸对防电脑辐射并不会起到什么效果。

核事业是以人为本的美丽事业，

世界将因"核"而更加美丽！